DIE WELT DER SPINNEN

Text: Uwe Leiendecker

1

2

Die Welt der Spinnen

Welches Kind hat während eines morgendlichen Streifzuges über eine Wiese noch nie ein von glitzernden Tautröpfchen besetztes, bizarres, hauchdünnes Netz zwischen den Grashalmen bewundert? Wer gar das Glück hat, in den frühen Morgenstunden durch eine leicht nebelige Heide- oder Moorlandschaft wandern zu dürfen, fühlt sich wie in eine schleierhafte Märchenwelt versetzt. Wer hätte nicht einmal näher hingeschaut, wer wohl die Erbauer dieser kleinen Kunstwerke waren?
Es handelt sich um Spinnen, genauer um Webspinnen. Die erste Begegnung und Bekanntschaft mit diesen höchst seltsamen Tieren ist damit gemacht. Doch meistens bleibt es dabei, denn viele Menschen fürchten sich sehr vor diesen Tieren. Nicht selten werden sie für eine etwas missratene, gefährliche Gruppe von Insekten gehalten. Mit den Insekten haben sie allerdings nur wenig zu tun. Zwar handelt es sich bei den Spinnen und den Insekten um so genannte Gliedertiere, das heißt, der Körper, die Beine und die Mundwerkzeuge sind in bestimmte Abschnitte gegliedert. Auch besitzen beide Gruppen ein äußeres Skelett aus Chitin. Das ist aber auch schon alles. Denn im Gegensatz zu den Insekten, deren Körper sich aus drei Teilen – dem Kopf, dem Bruststück und dem Hinterleib – aufbaut, sind bei den Spinnen Kopf und Brust

S. 1 *Tautropfen bilden diesen glitzernden Teppich für die Höhlenkreuzspinne.*

S. 2/3 *Netz der Radnetzspinne im Herbstlicht*

S. 4, 1–3 *Die lang behaarte Vogelspinne lebt in allen warmen und heißen Ländern. Ihr Körper wird bis 10 cm groß. Vogelspinnen können über 10 Jahre alt werden.*

miteinander verwachsen. Er ist über eine Taille mit dem Hinterleib verbunden, so dass ein insgesamt zweiteiliger Körper entsteht. Und während die Insekten immer drei Laufbeinpaare besitzen, sind es bei den Spinnen stets vier. Außerdem sind die Beine der Spinnen beweglicher als die der Insekten. Schließlich haben Spinnen anders als die Insekten niemals Flügel, Fühler oder Antennen.
Darüber hinaus zeichnen sich Spinnen noch durch viele andere Besonderheiten aus. So können sie zwar recht gut sehen, eine eher größere Rolle aber spielt bei ihnen der Tastsinn. Hierzu dienen feine Sinneshaare, die über den Körper und die Beine verteilt sind. Mit diesen Haaren registrieren sie bereits die geringsten Erschütterungen in ihrer Umgebung. Sie können beispielsweise Angriff oder Flucht auslösen.
Bemerkenswert sind sodann ihre Mundwerkzeuge. Am kräftigsten sind die zweigliedrigen Kiefer entwickelt. Sie tragen die für den Beutefang äußerst wichtigen Klauen. Zu den Mundwerkzeugen zählen weiterhin die daneben liegenden, meist zarteren Taster, die oft an kleine Beinchen erinnern. Sie werden zur Weiterbehandlung von Beutetieren eingesetzt. Bei den Männchen wandeln sie sich während des Wachstums zusätzlich zu einem Begattungsorgan um. Gemeinsam mit den vier Laufbeinpaaren verfügen die Spinnen einschließlich der Kiefer und Taster damit über sechs Extremitätenpaare. An der Spitze des Hinterleibes besitzen die Webspinnen ferner einen aus äußeren Warzen bestehenden Spinnapparat, der mit speziellen Drüsen im Inneren des Körpers in Verbindung steht.

1

2

1–4 *Vogelspinnen sind nachtaktiv. Sie überwältigen ihre Beutetiere im Sprung und töten sie durch den Biss ihrer längsstehenden Kieferklauen (**2**). Größere Arten können sogar kleinere Wirbeltiere töten.*

3

4

Die Webspinnen sind eine recht umfangreiche und vielfältige Gesellschaft, kennen wir doch heute weltweit rund 30 000 verschiedene Arten. Einige Vertreter lebten bereits in den Frühzeiten des irdischen Lebens. Noch heute sind sie uns als Fossilien, das heißt als Versteinerungen erhalten. Die meisten von ihnen starben inzwischen aus. Andere Arten, beziehungsweise ihre unmittelbaren Nachfolger, konnten sich bis in unsere Zeiten retten. Wir dürfen sie deshalb als die „Dinosaurier der Spinnenwelt" bezeichnen.
Zu den „Dinos" zählen die Vogelspinnen, Falltürspinnen, Trichter- oder Röhrenvogelspinnen und die Tapezierspinnen. Moderne Formen

1

2

S. 8/9 Trotz ihres beeindruckenden Aussehens ist der Biss der Vogelspinne für den Menschen nicht so gefährlich, wie man glauben könnte.

1–5 Von der Vogelspinne gibt es ca. 600 tropische und subtropische Arten.

2 Da der harte Chitinpanzer der Spinnen nicht mitwächst, müssen sie sich von Zeit zu Zeit häuten.

3, 5 Das komplizerte Paarungsritual der Vogelspinnen kann zwei bis drei Stunden dauern.

3

4

5

sind etwa die Radnetzspinnen, Wolfsspinnen, Krabbenspinnen, Springspinnen, Baldachin- oder Deckennetzspinnen, Zitterspinnen, Trichternetzspinnen und die Haubennetz- oder Kugelspinnen.

Im Laufe ihrer langen Entwicklung waren die Webspinnen überaus erfolgreich. Sie bewohnen alle Erdteile und haben sich viele Lebensräume erobert. Die meisten Arten leben auf dem Lande. Am häufigsten sind sie in tropischen Regionen. Neben feuchten Regenwäldern besiedeln sie hier auch heiße, trockene Wüsten. Wir finden sie jedoch ebenso in den gemäßigten Zonen, in der Arktis oder Antarktis. Andere Arten sind zum Leben im Wasser übergegangen. Überwiegend bevorzugen sie das Süßwasser. Doch gibt es ebenso Vertreter, die sich zu Meeresbewohnern entwickelten.

Wir wollen einen kleinen Ausflug in die immer noch geheimnisvolle Welt der Webspinnen unternehmen. Wir werden viele Arten kennenlernen und ihre Lebens- und Verhaltensweisen betrachten.

Vom Leben mit seidenen Fäden

Spinnen sind allesamt Raubtiere oder wie man heute sagt Beutegreifer. Auf ihrem Speiseplan stehen hauptsächlich Insekten. Große tropische Arten fressen gelegentlich auch kleine Wirbeltiere. Sie fangen ihre Nahrung auf ganz unterschiedliche Weise. Oft benutzen sie dazu die bekannten Spinnennetze oder „Spinnweben“. Die Opfer werden zumeist durch einen giftigen Biss getötet und anschließend verspeist. Die meisten Spinnen saugen ihre Beute dabei langsam aus. Größere, kräftigere Arten können sie jedoch auch zerkauen. Doch nicht immer wird die Beute gleich nach dem Fang getötet. Denn für Zeiten des Nahrungsüberflusses haben viele Arten eine höchst bemerkenswerte Fähigkeit entwickelt. Sie lähmen ihre Beutetiere nur. Danach spinnen sie die Beute ein und bewahren sie an einem sicheren Ort auf. Damit schaffen sie sich gewissermaßen „lebende Konserven“.

1

2

S. 12/13 Die Kugelspinnen haben ihren Namen von der charakteristischen Form ihres Hinterleibs.

1–3 Die Kugelspinnen bauen Haubennetze, die recht unregelmäßig sind und von denen einzelne Klebefäden nach unten ziehen. Zu diesen Spinnen gehört auch die berühmt-berüchtigte Schwarze Witwe (1). Sie ist sehr weit verbreitet und kommt auch im Mittelmeergebiet vor.

4–6 Zitterspinnen sind sehr filigrane, langbeinige Tiere. Sie leben bei uns vor allem in Gebäuden. Bei Gefahr versetzen diese Spinnen sich selbst und ihre Netze in zitternde Bewegungen, daher ihr Name.

3

4

5

6

Das Spinnen und Weben sind zwei der faszinierendsten Fähigkeiten dieser Wesen. Daher erhielt diese große Spinnengruppe auch den populären Namen Webspinnen. Was aber produzieren die Spinnmeister da eigentlich? Und wie machen sie das überhaupt?
Die Antwort auf die erste Frage ist einfach, vielleicht aber auch ein wenig verblüffend: Es handelt sich nämlich um allerfeinste Seide! Hochwertiger, haltbarer und viel strapazierfähiger als die von den bekannten ostasiatischen Seidenspinnerraupen erzeugte Naturseide.
Die Antwort auf die zweite Frage ist schon etwas schwieriger, weil es hier für die Forscher noch einige Rätsel gibt. Zumindest aber kennen wir die Vorgänge in groben Zügen. Betrachten wir zunächst einmal den Spinnapparat. Er befindet sich immer am Körperende. Rein äußerlich besteht er aus vier, sechs oder acht Spinnwarzen. Sie sind mit Hunderten von winzigen Spulen besetzt. Jede Spule besitzt eine winzige Öffnung, aus der die Seidenfäden mit einem Durchmesser von nur etwa 0,00002 Millimeter heraustreten. Die Sekrete für die Seide stammen aus Drüsen im Körperinneren und gelangen über feine Röhrchen zu den Warzen. Tritt der Spinnfaden nach außen, ist er bereits fest. Er erhärtet also nicht erst an der Luft, sondern schon im Innern des Leibes. Bemerkenswerterweise kann die Spinne verschiedene Fadentypen produzieren. Wie sie ihre Sekrete abgibt, wie sie die Länge des Fadens regelt und wie sie den jeweils benötigten Typ bestimmt, ist leider noch ein großes Geheimnis. Ihre Muskeln braucht sie dazu jedenfalls nicht. Immerhin macht sie stets alles genau richtig und setzt ihre Seide sinnvoll für den jeweiligen Zweck ein. Und das mit der allergrößten Geschwindigkeit! Ein schon höchst erstaunliches Phänomen!
Sehr häufig benutzen Spinnen ihre seidenen Fäden zum Beutefang. Die Opfer sehen diese Fallen nicht und fliegen oder laufen blindlings in sie hinein. Das Paradebeispiel ist das sogenannte Radnetz der danach benannten Radnetzspinnen. Zu dieser

1

2

3

4

großen Gruppe gehört etwa die bekannte Gartenkreuzspinne, eine echte Meisterin ihres Faches.

Um ein Radnetz herzustellen, spannt die Spinne zunächst einen etwa waagerecht verlaufenden Faden zwischen zwei Anheftungspunkten. Meistens sind das die Zweige eines Baumes oder Strauches. Wir können solche Netze aber beispielsweise auch in den Nischen von Hauswänden finden.

Hier hat sie zwei Möglichkeiten: Entweder macht sie das zu Fuß und läuft von einem Punkt zum anderen. Sie kann jedoch ebenso die Gunst des Windes ausnutzen, der das Fadenende in die gewünschte Richtung fliegen lässt. Hat sie das geschafft, begibt sie sich auf Tour und beißt den Faden an einer Stelle durch, hält aber die beiden Enden fest. Nun verlängert sie das kürzere Ende durch einen neuen Faden, wobei sie das andere Ende weiterhin mit den Vorderbeinen festhält. Dann klebt sie die Fäden wieder zusammen und gleitet von dem nunmehr stark durchgeknickten Faden an einem neuen Faden senkrecht nach unten, bis sie auf einen Gegenstand stößt, an dem sie diesen befestigen kann.

Es ist auf diese Weise ein Y-förmiges Gespinst entstanden. Es bildet das Grundgerüst des Netzes. Danach zieht sie außen Rahmenfäden zwischen den ersten Befestigungspunkten und weitere Speichen zwischen den Rahmenfäden und dem Mittelpunkt. Jetzt ähnelt das Gebilde einem Rad mit vielen Speichen. Darauf verbindet die Spinne – vom Mittelpunkt ausgehend – die Speichen durch eine Spirale, die sogenannte Hilfsspirale.

S. 16 *Die Netze der Radnetzspinnen sind äußerst kunstvolle und meisterhaft ausgeklügelte Gebilde. Zu dieser Spinnenfamilie gehören hunderte von Arten.*

1, 3, 4 *Vierfleckradnetzspinne*

2 *Eichenblatt-Radspinne*

Im nächsten Schritt zieht sie von außen her eine zweite, viel engere Spirale ein. Dieser zweite Faden ist, im Gegensatz zu allen anderen Teilen des Netzes, mit Tröpfchen einer stark klebrigen Flüssigkeit besetzt. Er wird von der Spinne gewöhnlich nicht betreten und bildet das eigentliche Fangwerkzeug, an dem die Beute später kleben bleibt. Während das Tier diesen Fangfaden herstellt, beißt es die Hilfsspirale, die nur vorübergehend als Brücke zwischen den Speichen diente, stückweise wieder heraus. Fertig ist das Netz!

Für den Bau des seidenen Kunstwerkes benötigt eine Gartenkreuzspinne etwa 18 Meter Faden und 40 Minuten Zeit. Der eigentliche Fangbereich hat dabei einen Durchmesser von etwa 30 Zentimeter. Ist alles vollbracht, geht sie in Lauerstellung. Entweder setzt sie sich auf das engmaschige Gewebe in der Mitte des Netzes, oder sie bezieht eine Wohnung. Diese besteht aus einem Gespinst, das sie vorher in einem nahe gelegenen Versteck hergestellt hat. Über einen Signalfaden ist die Wohnung mit dem Netz verbunden. Er informiert sie künftig darüber, was am Netz passiert. Die Spinne reagiert äußerst empfindlich auf alle Erschütterungen ihrer Falle. Und sie kann hervorragend zwischen verschiedenen Reizen unterscheiden! Wird das Netz etwa vom Wind in Schwingungen versetzt, rührt sie sich nicht von der Stelle. Hat sich aber ein Insekt verfangen und beginnt heftig zu zappeln, stürzt sie sofort herbei. Allgemein gilt das Radnetz als das typische Netz der Spinnen. Das stimmt jedoch nicht, denn nur etwa 15 Prozent aller Webspinnen bauen

1

2

3

1–3 In Nahaufnahme betrachtet sieht eine ganz „normale" Radnetzspinne wie ein Wesen aus einem Science-fiction-Film aus.

4–7 Die Seidenfäden dienen vielen Spinnen bei der Fortpflanzung, sie spinnen damit ihre Eikokons.

4

5

6

7

solche Radnetze. Es ist auch keineswegs das komplizierteste Netz. Wahrscheinlich handelt es sich dabei nur um eine einfachere Form des sogenannten Raumnetzes.
Solche Gebilde finden wir in vollendetster Weise bei den Opuntienspinnen. Man darf diese Spinnen getrost als die Weltmeister im Netzbau bezeichnen. Sie fertigen hoch komplizierte, dreidimensionale Bauwerke. Anders als bei den mehr oder weniger senkrechten Netzen der Radnetzspinnen legen sie ihre Raumnetze immer waagerecht an. Als Schutz vor ungünstigen Wettereinflüssen baut die Opuntienspinne darüber ein Deckennetz, auch Baldachin genannt. Dieses Netz dient gewissermaßen als Regenschirm, als Sonnenschirm und Windschutz zugleich.
Zum Bau eines solchen Gebildes braucht die Opuntienspinne etwa vier Nächte. Verglichen mit der Kreuzspinne ist der Aufwand also ziemlich groß. Bei günstigem Nahrungsangebot hält sie deshalb lange an ihrer Falle und Behausung fest. Ständig ist sie mit Umbau- und Renovierungsarbeiten beschäftigt. Im Laufe der Zeit entsteht allmählich ein wahrer Dschungel aus Spinnfäden. Es ist verblüffend, mit welcher Sicherheit die Spinne sich darin trotzdem noch zurechtfindet.
So wie die Radnetzspinnen das Raumnetz der Opuntienspinnen vereinfachten, machen es sich andere Radnetzspinnen beim Spinnen ihrer Netze etwas leichter. Sie bauen nicht so genau und regelmäßig wie die Kreuzspinnen. Ihre Konstruktionen erwecken dann teilweise einen eher chaotischen Eindruck. Das tut der Sache jedoch nichts, denn den Zweck des Beutefangs erfüllen sie ebenso. Recht große trichterförmige und unregelmäßige Netze produzieren etwa die Trichternetzspinnen. Wir können sie relativ häufig in feuchten Kellern oder Höhlen entdecken. Ähnlich wie die Kreuzspinnen sitzen diese Arten entweder in der Mitte der Netze oder beziehen spezielle Wohnhöhlen.
Nur ganz kleine Netze fertigen hingegen die überwiegend tropischen Fangnetzspinnen. Sie halten ihre Gespinste mit den Beinen auseinander

und werfen sie zielsicher über nahende Beutetiere. Eine Fluchtmöglichkeit haben die Opfer kaum.
Noch raffinierter machen es die Bolaspinnen aus Australien, Afrika und Südamerika. Nicht zu unrecht nennt man sie auch „Lassospinnen". Sie weben überhaupt keine Netze mehr, sondern spinnen nur waagerechte Fäden. An ihnen halten sie sich fest. Jetzt aber kommt ihr eigentlicher Trick. An diese Fäden nämlich heften sie einen weiteren, senkrecht dazu hängenden Faden – das eigentliche Lasso. Unten ist er mit Klebtröpfchen beschwert. Mit ihren Beinen bringen die Lassospinnen die Fäden in schwingende Bewegungen und warten darauf, dass Insekten daran kleben bleiben. Andere Arten schleudern ihre Lassos nahenden Insekten ganz gezielt und recht treffsicher entgegen.
Erwähnenswert sind unter den Gespinstkonstruktionen schließlich Falltüren und Fangschläuche. Spinnen, die solche Gespinste errichten, leben zumeist in Erdhöhlen. Hier lauern sie auf ihre Beute. Oft können sie ihre Falltüren aktiv öffnen. Bei den röhrenförmigen Fangschläuchen ist ein solcher Aufwand hingegen nicht nötig. Die Beutetiere gelangen mehr oder weniger automatisch dort hinein. Manche Falltürspinnen spannen rings um den Höhleneingang noch strahlenförmig angeordnete Signalfäden. Ob Falltür oder Fangschlauch: In jedem Fall gelangt die Beute direkt in die Höhle und wird hier an Ort und Stelle verspeist.
Viele Webspinnen stellen zum Beutefang überhaupt keine Gespinste her. Die Wolfsspinnen beispielsweise sind zu Fuß unterwegs. Ähnlich die

1

2

S. 20/21 *Taubehangenes Radnetz einer Kreuzspinne*

1, 2 *Die Kreuzzspinne ist an ihrer charakteristischen Zeichnung am Hinterleib leicht zu erkennen.*

Springspinnen. Wenn sie ein Beutetier ausgemacht haben, springen sie es über recht beachtliche Entfernungen von über 50 Zentimeter an. Andere Arten lauern in Erdhöhlen oder Mauerlöchern, von denen aus sie Fußangeln oder Alarmfäden verlegen. Krabbenspinnen wiederum sitzen gern auf Blüten und warten auf nektarsuchende Anfluginsekten. Schließlich setzen Webspinnen ihre seidenen Fäden noch zu ganz anderen Zwecken ein. So etwa als „Sicherungsleine" oder „Sorgleine" beim freien Fall. Mit einem solchen Faden kann die Spinne nicht nur ihre Fallgeschwindigkeit regulieren und sich in Bruchteilen einer Sekunde auf Null abbremsen. Sie benutzt ihn auch als „Leiter" und krabbelt wieder daran empor. Wenn Springspinnen sich von erhöhter Warte aus auf ihre Beute stürzen, so sichern sie sich meist durch solche Fäden.
Außerdem dient die Seide vielen Spinnen als Material für den Wohnungsbau oder – wie wir noch sehen werden – im Fortpflanzungsgeschäft zum Spinnen von Eikokons.
Leichtgewichtige, nur Millimeter große Jungspinnen benutzen ihre Seidenfäden sogar als Flugvehikel. Nur vom Wind getragen, gleiten sie daran – so etwa während des berühmten Altweibersommerfluges – wie an einem Fallschirm kilometerweit dahin.

1

2

3

4

1, 3 Gartenkreuzspinnen vor der Paarung

2, 4 Jungspinnen im Gemeinschaftsgespinst

5 In der Mitte ihres seidenen Kunstwerkes wartet die Radnetzspinne auf ihre Beute.

6–8 Hat sich eine Beute im Netz verfangen, wird sie eingesponnen und an einem sicheren Ort verwahrt.

5

6

7

Das Heil liegt in der Flucht

Spinnen sind Raubtiere. Und Raubtiere sind sehr wehrhaft. Durch ihre Beweglichkeit und Giftigkeit könnten sie sich damit eigentlich gegen jeden ebenbürtigen Angreifer erfolgreich verteidigen. Auch überlegenen Gegnern, wie etwa dem Menschen, könnten manche Arten mit ihren Giften empfindlichen Schaden zufügen. Sie müssten einfach nur zubeißen. Möglich wäre das den Spinnen alles. Nur: Sie tun es in der Regel nicht.
Spinnen verteidigen sich anders und sind damit gegen eine große Zahl von Feinden gut geschützt. Dazu gehören beispielsweise Skorpione. Unter den Insekten gibt es bestimmte Käfer, die es auf Spinnen abgesehen haben. Eifrige Spinnenjäger sind sodann Lurche, Kriechtiere und Vögel. Besonders die Gefiederten erbeuten oft große Mengen an Spinnen. Manche Säugetiere haben sie ebenfalls als Delikatesse entdeckt. Sie machen bevorzugt Jagd auf große Spinnenarten. Weitere Feinde sind verschiedene Raubwespen. Sie fressen die Spinnen nicht, sondern lähmen sie zunächst mit ihrem Giftstachel. Anschliessend durchbohren sie die Außenhaut der Spinnen und legen ihre Eier in sie hinein. Die Spinne dient nun gewissermaßen als Kinderwiege und lebender Nahrungsvorrat zugleich. Die geschlüpften Wespenlarven finden in ihr Schutz und fressen die Spinnen

8

im Laufe ihrer Entwicklung allmählich von innen her auf. Was die Insekten da machen, mutet uns nicht gerade fein an. Doch in der Natur gelten harte Gesetze.

Gegen das Heer ihrer Feinde verhalten sich Spinnen überwiegend passiv. Eine Methode: Sie verstecken sich. Viele Arten leben sehr zurückgezogen und erscheinen nur auf der Bildfläche, wenn es zum Beutefang unbedingt nötig ist. Eine andere Methode: Sie tarnen sich. Oft sind sie in ihrer Färbung hervorragend an ihre jeweiligen Lebensräume angepasst, so dass sie dort kaum auffallen. Ihren Beutetieren wird das zwar häufig zum Verhängnis, von möglichen Fressfeinden aber werden sie einfach übersehen. Die tropischen Riesenspringspinnen beispielsweise leben auf Baumrinden und sind wegen ihrer Färbung kaum davon zu unterscheiden. Außerdem bewegen sie sich nur wenig. Spinnen wiederum, die auf Sandböden leben, haben ein sandfarbenes Tarnkleid und sind nur schwer zu entdecken.

Manche Spinnen gehen noch einen Schritt weiter. Wenn sie sich vorwiegend auf Blüten aufhalten, sind sie den Pflanzen nicht nur farblich perfekt angepasst, sie wirken sogar als Teil der Blüte. Spinnen, die an Halmen oder dünnen Zweigen leben, haben oft einen sehr lang gestreckten Körper. Sie erwecken den Eindruck, als seien sie selbst ein Halm oder Zweig oder zumindest ein Teil der

1

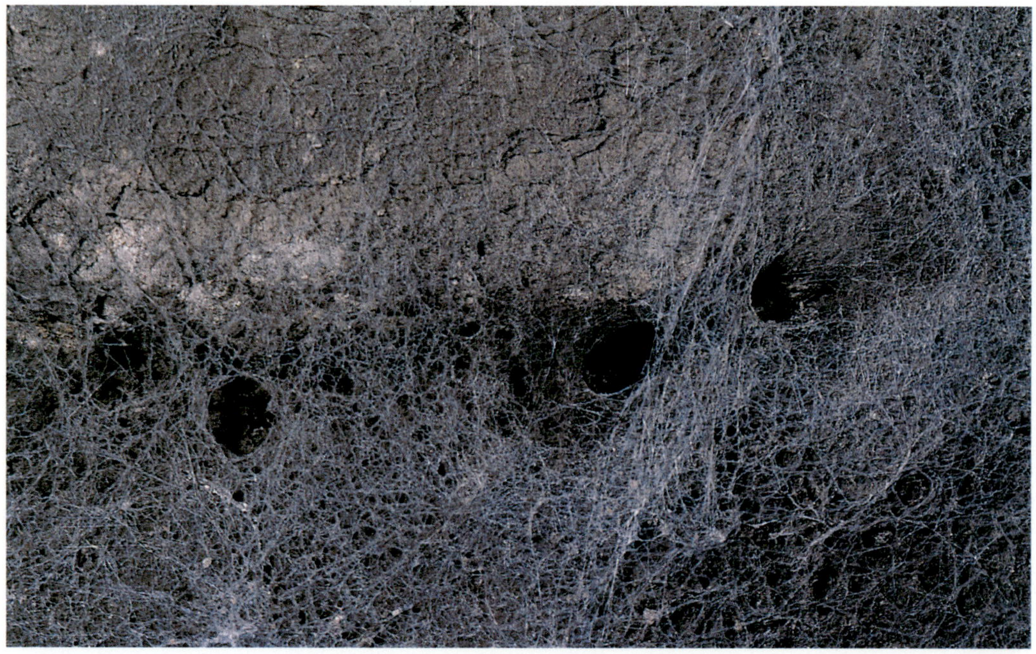

2

3

1–3 Trichternetzspinnen produzieren große trichterförmige und unregelmäßige Netze. Man findet sie oft in Kellern oder Höhlen. In der Mitte der Netze warten sie auf Beute.

4–5 Zu den 29 mitteleuropäischen Arten der Trichternetzspinnen gehört auch die allseits bekannte, in Gebäuden lebende Haus- oder Hauswinkelspinne.

4

5

Pflanze. Biologen sprechen bei diesen Formen der Tarnung von Mimesen. Die Tiere täuschen etwas vor, was sie in Wirklichkeit gar nicht sind. Eventuelle Feinde beachten sie nicht weiter.

Wieder andere Arten machen es genau umgekehrt und präsentieren sich als „Schafe im Wolfspelz“. Sie „lügen“ und ahmen durch auffällige Färbungs- und Zeichnungsmuster ungenießbare oder viel gefährlichere Tiere nach. Auf diese Weise werden sie von Fressfeinden verschont. Dies bezeichnen die Biologen als Mimikry.

So macht es die inzwischen auch in Mitteleuropa heimische Zebraspinne. Ähnlich den Wespen trägt sie ein gelb-schwarzes Zeichnungsmuster. Auch wenn sie, wie die Wespen körpereigene Gifte hat, verschafft ihr der „Wespen-Look“ offenbar einen größeren Überlebensvorteil. Denn viele, meist unerfahrene Jäger machen in ihrem Leben irgendwann einmal die unerfreuliche Erfahrung, dass gelb-schwarz-gefärbt wehtun kann.

Eine weitere in der Natur relativ häufige Farbkombination ist rot-schwarz. Sie hat eine ähnlich abschreckende oder warnende Wirkung. Man findet sie bei vielen Insekten, wie den ungenießbaren Marienkäfern, aber auch bei durchaus schmackhaften Spinnen.

Reichen Tarnung, Mimese oder Mimikry nicht aus, bleibt als aktive Form das Mittel der Flucht. Darin sind die meisten Spinnen geradezu Meister, denn sie sind vielfach schneller als ihre Angreifer.

Leben die Arten am Boden, flüchten sie zu Fuß oft in nahe gelegene Verstecke, deren Lage sie im Gegensatz zum Angreifer genau kennen. Manche Spinnen flüchten sogar auf Wasseroberflächen oder tauchen ins Wasser ab. Wieder andere, wie etwa gewisse Vogelspinnen, schleudern Angreifern eine Salve von Gifthaaren des Hinterleibes entgegen, die bei Wirbeltieren starke Haut- oder Schleimhautreizungen hervorruft.

Ähnlich der Mimikry hat das meist einen nachhaltigen Effekt. Die Angreifer merken sich diese böse Erfahrung und machen um solche Spinnen künftig einen großen Bogen.

Spinnen, die sich hingegen in luftige-

1 

2 

3 

ren Sphären, zum Beispiel in Sträuchern, Bäumen oder unter Zimmerdecken aufhalten, entwickelten eine andere, sehr elegante Fluchtmethode: Sie lassen sich blitzartig fallen und seilen sich dabei an ihren Sicherheits- oder Sorgfäden ab.
Nur wenn wirklich einmal „alle Stricke reißen" verteidigen sich Spinnen mit ihren Klauen und Giften. Und das auch nur mit mehr oder weniger großem Erfolg, denn vielfach nutzt ihnen dies gegen übermächtige Gegner gar nichts. Sie sind immer nur das letzte Mittel. Nur in allerhöchster Not setzen sie sich damit zur Wehr. Denn Klauen und Gifte sind im Leben einer Spinne nicht für Verteidigungszwecke gedacht. Sie dienen hauptsächlich dem Lähmen oder Töten von Beutetieren.

Die Fortpflanzung der Spinnen

Mit dem Beutefang und der Verteidigung sind Spinnen Tag für Tag beschäftigt. Sie sind die Grundpfeiler für das Überleben des einzelnen Tieres. Die Fortpflanzung ist ein anderes wichtiges, oftmals nur einmaliges Ereignis im Leben der Spinnen. Sie sichert über lange Zeiträume hinweg das Überleben der gesamten Art.
Nun leben Spinnen im allgemeinen als ausgemachte Einzelgänger, die einander nicht wohlgesonnen sind. Kommen sich zwei Spinnen zu nahe, kann die Begegnung für eines von beiden Tieren leicht tödlich enden. Soziale Verhaltensweisen oder gemeinschaftliches Miteinander hat man bei Spinnen bislang nur bei sehr wenigen Arten beobachtet.
Das ist natürlich für die Fortpflan-

S. 28, 1–2 *Wolfsspinnen weben keine Fangnetze, sondern fangen ihre Opfer im Sprung.*

3 *Wolfsspinnenweibchen tragen die Jungspinnen auf ihrem Rücken umher.*

1

2

S. 30/31 Wolfsspinnenweibchen tragen den Eikokon auf dem Hinterleib mit sich umher.

1–5 Weltweit gibt es 3000 Arten Wolfsspinnen, bei uns etwa 70, die zwischen 4 und 20 mm groß sind und grau, braun bis schwarz gefärbt sind.

3

4

5

zung äußerst ungünstig. Denn schließlich müssen sich Weibchen und Männchen während der Paarung ja hautnah begegnen. Besonders für die Männchen ist dieses Geschäft manchmal nicht ganz ungefährlich, da sie oft sehr viel kleiner als die Weibchen sind. Eine Spinnenfrau kann einen sich nähernden Spinnenmann deshalb einfach nur als Beute betrachten und ihn kurzerhand verspeisen. Auch nach einer erfolgreichen Paarung kann den Mann das gleiche Schicksal ereilen.

Dieser berühmte „Gattenmord“ gilt im Volksglauben sogar als ein typisches Wesensmerkmal aller Spinnen. In den allermeisten Fällen aber trennen sich die Spinnen nach der Paarung wieder, ohne dass einem der Partner etwas passiert.

Recht häufig verspeisen allerdings die Weibchen der berühmt-berüchtigten Schwarzen Witwen ihre Männchen nach der Paarung. Wegen dieser nicht gerade netten Neigung erhielten sie auch ihren populären Namen. Allerdings haben die Männchen durchaus Chancen, ihrem Schicksal zu entgehen, wenn sie noch rechtzeitig fliehen können. Nicht jede Paarung der Schwarzen Witwen endet deshalb auch tatsächlich mit dem Tode des Männchens.

Die weitaus meisten Spinnen gehen nach einer Paarung also wieder ihre eigenen Wege. Nicht selten sterben die Männchen aber kurz darauf trotzdem. Es handelt sich hierbei um einen ganz natürlichen Tod, weil ihre Lebensuhr – wie bei vielen anderen Tierarten – nach der Fortpflanzung einfach abgelaufen ist. Das ist jedoch nicht weiter tragisch. Denn sie haben ihre Aufgabe erfüllt.

Damit Weibchen und Männchen sich einander gefahrlos nähern und reibungslos paaren können, haben Spinnen verschiedene Annäherungsrituale entwickelt. Diese sind größtenteils ererbt. Sie werden also bei jeder Spinnenart von Generation zu Generation weitergegeben.

Zunächst müssen die „Partner auf Zeit“ einander finden. Dazu geben die Weibchen oft sogenannte Sexuallockstoffe oder Pheromone in die Umgebung ab. Bei diesen noch etwas

geheimnisvollen Stoffen handelt es sich im Prinzip um nichts anderes als um Parfüms. Wir Menschen können diese Parfüms allerdings nicht riechen, denn sie sind nur für „Spinnennasen" bestimmt. Die Spinnenfrauen signalisieren den Männchen damit ihr prinzipielles Einverständnis und dass sie sich nähern dürfen. Die Weibchen anderer Spinnenarten versprühen keine betörenden Düfte, sondern spannen stattdessen spezielle Seidenfäden aus. Wenn die Männchen sie berühren, löst das bei ihnen ebenfalls einen Paarungsdrang aus. Gleichzeitig wissen sie, wohin sie müssen. Sie brauchen nur an den Fäden entlangzulaufen.

Wie immer sich die Tiere einander auch nähern: Die möglichen Gefahren sind damit noch nicht gebannt! In jedem Fall ist es nach der ersten Kontaktaufnahme wichtig, dass die Partner sich jetzt aufeinander einstimmen und untereinander eine gewisse Harmonie herstellen. Vier Schritte sind dazu nötig:

Erstens müssen die Tiere das Fortpflanzungsgeschäft in gegenseitigen Einklang bringen. Beide müssen also zur gleichen Stunde oder gar Minute paarungsbereit sein. Schaffen sie das nicht, ist es für die Männchen besser, schleunigst die Flucht zu ergreifen. Zweitens müssen sich die Partner zueinander orientieren. Man kommt sich also körperlich schon näher. Die Männchen befinden sich nun im un-

1

2

3

S. 34/35 Tarantel im senkrechten Röhrenschacht

1–3 Die Taranteln gehören zu den Wolfsspinnen, sie werden 25–30 mm lang und leben vor allem im Mittelmeerraum in bis 30 cm tiefen Erdhöhlen. Ihre Beute fangen sie mithilfe der Fangtrichter (3).

S. 37 Taranteln in starker Vergrößerung sind ein Furcht erregender Anblick. Der Sage nach soll ihr Biss eine „rasende Tanzsucht" hervorrufen. In Wirklichkeit sind sie für den Menschen ungefährlich.

mittelbaren Gefahrenbereich der Weibchen, gewissermaßen in der „Höhle der Löwin“.
Drittens müssen beide Seiten jetzt alle auf das gegenseitige Töten und Fressen ausgerichteten Verhaltensweisen unterdrücken. Ist ihnen das endlich gelungen, können sie sich viertens als Krönung und Ziel ihrer Begegnung friedlich paaren.
All diese Dinge geschehen – wie erwähnt – überwiegend instinktiv und nach bestimmten Zeremonien. Doch auch wenn die Spinnen noch weitestgehend in ihre Instinkte eingebunden sind, verläuft in ihrer Welt längst nicht alles automatisch. Denn nicht jede Spinnenfrau und jeder Spinnenmann schaffen tatsächlich alle Schritte und harmonieren miteinander. Das Fortpflanzungsgeschäft kann daher zu jedem Zeitpunkt und binnen Sekunden wieder abgebrochen werden. Die erste Annäherung dauert je nach Art wenige Minuten oder auch viele Stunden. Dabei werben die Männchen von Bodenspinnen und langbeinigen Arten während ihrer Bemühungen mit vielfältigen Gesten der Beine und oft auch des Hinterleibes um die Gunst der Weibchen. Sie wiederum können diese durch ähnliche Gesten erwidern und sich ihrerseits dem Partner nähern. Bei Wolfsspinnen dagegen verhalten sich die Weibchen während der Werbung oft absolut ruhig und regungslos. Offenbar signalisieren sie den Männchen damit, dass ihnen nichts passieren wird. Bei Netz bauenden Arten wiederum „klopfen“ die Männchen häufig an. Ganz vorsichtig zupfen sie zunächst am Netzrand der Auserwählten. Das löst bei den Weibchen anfangs häufig Beutefangverhalten aus. Die Männ-

1

2

3

4

***1–7** und **S. 40/41** Krabbenspinnen bauen keine Netze, sondern lauern mit ausgebreiteten Vorderbeinen auf Gesträuch und Blüten auf Beute. Dabei können sie sich perfekt an den Hintergrund anpassen.*

5

6

7

chen fliehen sicherheitshalber einstweilen. Meistens kehren sie aber bereits nach kurzer Zeit wieder zurück. Möchte das Weibchen ihn immer noch verspeisen, flieht er erneut. Manchmal müssen die Männchen ihre Bemühungen etliche Male wiederholen, bis die Weibchen irgendwann merken, dass sich da jemand zur Paarung angemeldet hat.

Ist diese Hemmschwelle überwunden, folgen die unmittelbare Annäherung und der direkte Körperkontakt. Für beide Partner ist das bei den Spinnen offenbar eine Pflicht.

Bei den Weibchen von Krabbenspinnen zum Beispiel geht alles sehr schnell. Nach kurzem Körperkontakt seilen sie sich sofort an einem kurzen Faden ab und verfallen vorübergehend in eine Hängestarre. So können die Männchen ihren Beitrag gefahrlos leisten und danach wieder verschwinden. Nicht selten kehren sie einige Stunden später zurück und paaren sich nach dem gleichen Zeremoniell noch einmal mit ihren Partnerinnen.

Die Weibchen anderer Arten verhalten sich oft sehr viel zurückhaltender. Besonders dann, wenn die Männchen deutlich kleiner sind. Manchmal sind die angehenden Partner etliche Stunden oder gar Tage beisammen. Sie laufen umeinander her und betasten sich immer wieder gegenseitig. Dies soll offenbar das weibliche Geschlecht beschwichtigen und wohlwollend stimmen.

Relativ kompliziert ist schließlich die Paarung selbst, bei der sich die Tiere eng umschlingen. Oft hat es den Anschein, als ob die Partner nur noch ein Knäuel aus zwei Körpern und 16 Beinen sind. Im Laufe der Paarung überträgt das Männchen den Samen auf das Weibchen. Danach speichert das Weibchen den Samen bis zur Eiablage in speziellen Samentaschen. Zwischen der Paarung und dem Eierlegen sowie der eigentlichen Befruchtung der Eier können Wochen oder Monate liegen.

An diesen wenigen Beispielen können wir sehen, wie sich die „Hochzeit" der Spinnen im allgemeinen gestaltet. Ein wohl einzigartiges, geradezu frappierendes Werbe- und

Paarungsverhalten aber haben die Forscher bei einer Raubspinne mit dem lateinischen Namen Pisaura mirabilis entdeckt. Hat ein Männchen eine paarungsbereite Spinnenfrau ausgemacht, fängt er eine Fliege und spinnt sie ein. Dieses Paket übergibt er ihr während seiner Annäherungsversuche. Es ist gewissermaßen ein „Brautgeschenk", auf dem das Weibchen besteht. Während sie genüsslich damit beginnt, die Fliege auszusaugen und abgelenkt ist, kann er sie ohne Risiko begatten. Nach der Paarung aber nehmen die Pisaura-Männer den Gattinnen die überbrachten Fliegen häufig wieder weg, verschwinden schnellstens damit und stärken sich an einem sicheren Ort selbst an den verbliebenen Resten. Gelegentlich bieten die Männer den Weibchen sogar bereits ausgesogene Fliegen dar. Das weibliche Geschlecht bemerkt diesen Schwindel nicht und nimmt auch diese bereitwillig an. Das Männchen hat sein Ziel damit ebenfalls erreicht.

Gute Kinderstuben

Neben den Insekten stehen auch andere Spinnen auf dem Speiseplan von Spinnen. Selbst vor den eigenen Artgenossen machen sie – wie wir gesehen haben – nicht halt. Sie sind also Kannibalen. Es mag uns deshalb etwas verwundern, dass sich die Weibchen vieler Arten gegenüber dem eigenen Nachwuchs zumindest eine Zeit lang ganz anders verhalten. Hier zeigen sie sich als ausgesprochen fürsorgliche Mütter. Haben sie doch bei der Betreuung ihrer Kinder Verhaltensweisen entwickelt, die sich mit

1

2

3

1–3 Springspinnen, hier die Harlekinspinne, weben keine Fangnetze, sondern verfolgen ihre Beute ähnlich wie Katzen und packen sie im Sprung.

S. 43 *Springspinne auf Tulpenstempel*

denen vieler Wirbeltiere vergleichen lassen.
Die Vorsorge beginnt schon, sobald sie ihre Eier legen. Die meisten Spinnenweibchen spinnen kurz davor einen Faden, an dem sie die Eier anheften. Dabei befruchten sie die Eier gleichzeitig mit dem gespeicherten männlichen Samen. Es entstehen klumpenartige Eipakete. Haben die künftigen Mütter diesen Teil ihrer Arbeit erledigt, umspinnen sie das Werk mit weiterer Seide. Das Ergebnis ist schließlich ein sogenannter Eikokon. Je nach Spinnenart haben diese Gebilde unterschiedliche Größen und Formen. Sehr häufig ähneln sie jedoch einer Kugel, weil sich solche Gebilde bei drohenden Gefahren am besten herumschieben und transportieren lassen.
Eikokons sind nichts anderes als Brutkammern. Wir können sie etwa mit den Nestern der Vögel vergleichen. Bei vielen Arten enthält eine solche Seidenkugel nur zwischen 20 und 100 Eier. Es gibt allerdings auch Spinnen, die darin bis zu 1000 Eier verpacken.
Kokons produzieren übrigens auch solche Spinnen, die ansonsten keine komfortablen Eigenheime bauen und keine Netze spinnen, um damit Beute zu fangen. Viele Forscher glauben deshalb, dass die Spinnenseide ursprünglich nur für den Bau dieser Kinderstuben erfunden wurde. Erst in späteren Zeiten sollen die Tiere

1

2

3

4

5

6

7

dann entdeckt haben, was sie außerdem noch alles damit machen können.

Die Weibchen einiger Arten kümmern sich nicht weiter um den Nachwuchs, nachdem sie den Kokon gesponnen haben. Oft können sie das auch gar nicht, weil sie – ähnlich wie die Spinnenmännchen – kurz darauf auf natürliche Weise sterben. Für sie ist das Leben nach der Eiablage gleichfalls abgeschlossen. Bei zahlreichen anderen Arten aber geht die mütterliche Fürsorge noch sehr viel weiter.

So können die Weibchen um die Kokons herum Netze bauen. Sie dienen als Tarnung und schützen vor parasitären Insekten, zum Beispiel vor Schlupfwespen. Auch können solche zusätzlichen Gespinste die Kokons zu kleinen Klimakammern machen und sie vor ungünstigen Wettereinflüssen bewahren. Andere Spinnen bringen ihre Kokons in Verstecke. Dies kann bei Arten in den gemäßigten und kälteren Zonen unserer Erde unter anderem dann wichtig sein, wenn die Eier oder die bereits geschlüpften Jungspinnen in den Kokons überwintern.

Wieder andere Arten tragen die Gespinste solange mit sich herum und verteidigen sie gegen Feinde, bis die Jungen ihre Kokons sprengen und davonmarschieren.

Ebenso kommt es vor, dass die Mütter genau dann sterben, sobald der Nachwuchs die Brutkammer verlassen hat. Auf diese Weise dienen sie den Kleinen als Erstnahrung. Mit diesen und anderen Verhaltensweisen können sich die mütterlichen Schutzvorkehrungen erschöpfen. Man spricht deshalb von Brutfürsorge.

1–7 Mit rund 2800 Arten sind die Springspinnen die formenreichste Familie der Spinnen. In Mitteleuropa gibt es 86 Arten.

Die Brutfürsorge kann jedoch auch in echte Brutpflege übergehen. Hierbei halten die mütterlichen Instinkte noch an, wenn die Jungen die Kokons bereits verlassen haben. Manche Spinnenmütter bauen zum Beispiel für die geschlüpfte Brut besondere Netze. Hierauf begeben sich die Jungspinnen und leben dort praktisch wie in einem Kinderladen. Manche Spinnen bewahren ihre Kokons auch in ihren Netzen auf. Haben sie ihre Kinderstuben verlassen, verweilen die Kleinen noch einige Zeit auf dem mütterlichen Netz. Als mögliche Beute werden sie von ihr nicht betrachtet.
Eine der höchsten Formen der Brutpflege ist schließlich das „Huckepack-Verfahren". Bei Wolfsspinnen und anderen krabbeln die Kleinen nach dem Verlassen des Kokons auf den mütterlichen Hinterleib. Auch so bietet die Mutter Schutz und dient außerdem als bequemes „Transportgerät". Eines macht die Spinnenmama jedoch nicht: Niemals füttert sie ihren Nachwuchs. Das ist allerdings auch nicht nötig, weil die jungen Spinnen in ihrem Körper noch einen Nahrungsvorrat, den sogenannten Dotter, mit auf ihren Lebensweg bekommen haben. Er reicht noch für ein Weilchen, und der Nachwuchs ist damit bestens versorgt. Erst wenn der Dotter aufgebracht ist, ziehen die Kleinen von dannen.
So außergewöhnlich und reizvoll uns

1

2

3

S. 46/47 *Die Springspinne zeichnet sich durch kurze, kräftige Beine aus. Auffallend sind ihre stark vergrößerten Augen, die ihr ein ausgezeichnetes Sehvermögen verleihen.*

1–6 *Die zahlreichen Arten der sehr kleinen Baldachinspinne bauen komplizierte Fangnetze. Über ein waagerechtes Deckennetz wird ein Gewirr von Stolperfäden angelegt. Die Spinne hängt an der Unterseite des Netzes und wartet auf Beute.*

4

5

6

diese mütterlichen Bemühungen auch erscheinen mögen: Persönliche Bindungen oder echte Mutter-Kind-Beziehungen gibt es bei den Spinnen nicht. Denn die Mütter kennen ihre eigenen Kokons beziehungsweise ihre eigenen Jungen nicht persönlich. So lassen sich Spinnenweibchen mit Brutfürsorge auch fremde Kokons - gewissermaßen „Kuckuckseier" -unterschieben. Sie müssen ihren Kokons nur ähneln und etwa die gleiche Größe und Form haben. Ja sogar mit künstlichen Kokons aus Holundermark oder leichtem Kunststoff lassen sie sich täuschen. Schiebt man ihnen solche Gebilde unter, merken sie das nicht. Sie verhalten sich weiterhin so, als sei es ein richtiger Kokon. Sind die Jungen erst einmal selbstständig geworden, ist von „mütterlicher Liebe" nichts mehr zu spüren. Ab jetzt bestimmt wieder der normale Spinnenalltag den Lauf der Dinge: Die Mutter betrachtet ihre eigenen Kinder fortan als Beute. Unterschiede zu anderen Tieren macht sie nicht mehr. Auch für die Jungen hat damit der Ernst des Lebens begonnen. Vor allem müssen sie nun wachsen.
Mit dem Wachstum aber haben Spinnen einige Schwierigkeiten. Es verläuft nämlich völlig anders als bei uns Menschen. Wir wachsen ganz allmählich, ja fast unmerklich. Das verdanken wir nicht zuletzt unserer geschmeidigen Haut, die sich diesem Vorgang problemlos anpasst.
Bei einer Spinne ist dies jedoch so nicht möglich. Denn ihr Chitinpanzer hindert sie daran. Anders als die Haut ist dieser Panzer sehr starr und kann nicht wachsen. Die Spinne ist darin gleichsam wie in einem engen Käfig eingesperrt. Am härtesten sind das Kopfbruststück und die Beine. Der Hinterleib ist zwar ein wenig elastischer, aber wachsen kann sie dadurch nicht. Die anderen Körperteile würden sie ja daran hindern.
Was also macht sie? Die Lösung des Problems: Von Zeit zu Zeit „fährt sie aus der Haut". Dabei handelt es sich um einen sehr komplizierten Vorgang, den man auch Häutung nennt. Unmittelbar danach nehmen sie binnen weniger Stunden an Größe zu. Sie wachsen somit schubweise.

1

Spinnen häuten sich etwa siebenmal in ihrem Leben. Die erste Häutung machen sie oft schon im Kokon durch. In der Jugend häuten sich Spinnen häufiger, mit zunehmendem Alter werden die zeitlichen Abstände größer. Wie groß die Zeitabstände sind, ist ganz verschieden. Viele Spinnenarten haben nur eine kurze Lebensspanne von etwa einem Jahr. Sie häuten sich also im Abstand von einigen Wochen relativ schnell hintereinander. Andere, wie etwa Vogelspinnen, bringen es dagegen auf sieben bis acht oder sogar noch mehr Lebensjahre. Hier sind die Zeitabstände sehr viel größer. Bei älteren Spinnen können zwischen zwei Häutungen Jahre liegen.

Bereits Tage vor einer Häutung nimmt die Spinne keine Nahrung mehr zu sich. Sie weiß also genau, wann das Ereignis bevorsteht und stellt sich darauf ein. Die eigentliche

S. 50/51 *Die Netze der Baldachinspinne lassen dieses Waldstück wie verzaubert aussehen.*

S. 52 *Die grüne Jagdspinne ist sehr auffällig gefärbt. Auch sie fängt ihre Beute im Sprung und baut keine Netze.*

1 *Jungspinnen im Gemeinschaftsnetz*

2, 3 *Die gerandete Jagdspinne ist ein stacheliger Geselle.*

2

3

Häutung erfolgt in mehreren Schritten. Dabei platzt gegen Ende die alte Außenhaut an bestimmten Körperstellen auf. Mit gezielten Bewegungen und gleichmäßigem Pumpen ihres Blutes beschleunigt sie den Vorgang. Schließlich schlüpft die Spinne blitzartig und in einem Zuge aus ihrem alten Panzer heraus. Zurück bleiben ein leeres „Häutungshemd" und eine weichhäutige, vorübergehend völlig hilf- und wehrlose Spinne. Ganz leicht kann sie nun zur Beute anderer Tiere werden. Viele Spinnen suchen daher während dieser Zeiten immer sichere Verstecke auf. Andere hängen sich dazu an Sicherheitsfäden auf. Schon nach kurzer Zeit härtet die Außenhaut zum neuen, größeren Chitinpanzer aus. Frisch gewappnet und gewissermaßen neu eingekleidet, kann das Tier wieder seinen normalen Geschäften nachgehen.

Mensch und Spinne

Das Verhältnis der Menschen zu den Spinnen ist seit jeher gespalten. In vielen Lebenskreisen – besonders in der westlichen Welt – stoßen sie überwiegend auf Abneigung. Versuchen wir einmal herauszufinden, woran das liegt.
Da wäre zunächst das Aussehen. Viele Menschen halten es für geradezu abscheulich. So stoßen die langen Beine und die ausgeprägte Behaa-

1

2

3

4

5

6

rung mancher Arten vielfach ab. Dann wären da noch die kleinen Augen. Sie sind bei vielen Arten aus einiger Entfernung nur schwer zu erkennen. Man kann ihnen also nicht direkt ins Auge blicken, was viele Menschen als beklemmend empfinden. Auf stark vergrößerten Fotos oder in den Nahaufnahmen von Filmen jedoch erwecken die Augen einen etwas gespenstischen, ja „außerirdischen" Eindruck. Dürfen wir ein Tier aber ausschließlich nach seinem Aussehen beurteilen und vor allem verurteilen? Es gibt eine große Zahl anderer Tierarten, die nach dem Empfinden vieler Menschen ebenfalls nicht gerade zu den Schönheiten der Natur zählen. Trotzdem stehen sie bei weitem nicht so in Misskredit wie die Spinnen. Ein anderer, vielleicht noch wichtigerer Grund wäre ihre von vielen Menschen gefürchtete Giftigkeit. Es stimmt tatsächlich, dass fast alle Spinnen giftig sind. Allerdings wissen wir bislang nur wenig über diese Gifte. Das liegt wahrscheinlich daran, dass sie für den Menschen meist ungefährlich und deshalb viel zu unbedeutend sind.
Denn wirklich giftig sind Spinnen in der Regel nur für ihre Beutetiere.
So können von den ungefähr 30 000 bekannten Webspinnenarten nur etwa 25 Arten auch dem Menschen gefährlich werden. Diese aber leben hauptsächlich in den Tropen und Subtropen. Hierzu gehören die in

7

1–7 *Die Zebra- oder Wespenspinne gehört zu den Radnetzspinnen. Unverwechselbar der gelb, weiß und schwarz gestreifte Hinterleib.*

1 *Wespenspinne mit Eikokon*

2 *Wespenspinne an gelber Gauklerblume*

3 *Das Netz zeigt ein merkwürdiges Zickzackband aus weißer Spinnenseide. Es soll Vögel davon abhalten, in die Netze zu fliegen.*

4 *Während die Weibchen 1,5–2 cm groß werden, sind die Männchen nur 4–6 mm groß.*

5 *Wespenspinne mit Jungen*

Südamerika, Australien, Tasmanien und Neuseeland vorkommenden Trichterspinnen. In Mittel- und Südamerika sind es einige Vogelspinnen sowie in Südafrika die Falltürspinnen.
Zu den gefährlicheren Arten zählen außerdem die in Amerika beheimateten Einsiedlerspinnen. Alle anderen Arten dieser weltweit verbreiteten Gruppe sind dagegen harmlos. Vorsicht ist auch vor den ebenfalls fast weltweit verbreiteten Schwarzen Witwen, einigen süd- und mittelamerikanischen Wolfsspinnen, den südamerikanischen Bola- und Kammspinnen und den in Australien, Amerika, Europa und Asien verbreiteten Dornfingerspinnen geboten.
Mit verschiedenen Arten dieser Gruppen kommt es weltweit alljährlich zu Tausenden von unliebsamen Begegnungen. Je nach Spinnenart können die Anzeichen nach einem Biss beispielsweise zu starken

1

S. 56/57 Zebraspinne mit Kokon

1–3 Manche Spinnenmütter bauen für ihre Brut besondere Netze. Dort leben die Jungtiere dann eine Weile unbehelligt, bis sie ihr Nest verlassen.

4, 6 Raub- oder Listspinne

5, 7 Streckerspinne

2

3

4

5

6

Schmerzen im Bereich der Bissstelle und zu allgemeinem Unwohlsein führen. Fieber, Muskelkrämpfe, Schweiß- oder Tränenausbrüche können eine weitere Folge sein. In schwereren Fällen kann es zu Schocks und zu tiefer Bewusstlosigkeit kommen. Nur ganz selten enden solche Begegnungen für den Menschen einmal tödlich. Wenn es zu Todesfällen kommt, litten die Betroffenen meistens bereits vorher unter schweren Erkrankungen. Spinnen sind also gar nicht so giftig und gefährlich, wie wir oft glauben. Außerdem greift keine Spinne einen Menschen von sich aus an. Nur wenn wir sie absichtlich in arge Bedrängnis bringen, sie angreifen oder in die Enge treiben, kann es zu solchen Unfällen kommen.

Die Schuld an Spinnenbissen und ihren Folgen tragen deshalb fast immer die Menschen. Einzige Ausnahme: Mensch und Spinne kommen zufällig und unbeabsichtigt miteinander in enge Berührung. Sehen wir uns einmal in Europa um, so sind ernsthaftere Vergiftungsunfälle nur aus dem Mittelmeerraum bekannt. Alle gehen sie auf das Konto von Schwarzen Witwen.

Im gemäßigteren Mitteleuropa fällt allenfalls noch die Dornfinger- oder Sackspinne unangenehmer auf. Ihr Biss ist etwa so schmerzhaft wie der Stich einer Hornisse. Schmerzhaft können auch die Bisse der Wasserspinne sein. Doch auch mit ihr

7

kommt man nur selten in direkte Berührung, weil sie im Wasser und hier in der Ufernähe von stehenden Gewässern, etwa in Tümpeln, Teichen oder kleinen Seen lebt.
Die Bisse der viel häufigeren Hausspinnen und Kreuzspinnen sind höchstens so schmerzhaft wie ein Wespenstich. Auch können die Klauen dieser Arten allenfalls zarte Hautstellen von Kleinkindern durchdringen. Die restlichen europäischen Arten dagegen sind für uns Menschen völlig ungefährlich.
Es ist nun recht seltsam, dass die größte Furcht vor Spinnen gerade in jenen Teilen der Erde besteht, in denen es gefährliche Spinnen kaum oder gar nicht gibt.
Die Spinnenangst muss also andere Gründe haben. Ärzte und Psychologen haben sich lange mit dieser Frage beschäftigt. Der wirkliche Grund: Es handelt sich um eine weit verbreitete Krankheit, die man Arachnophobie nennt.
Dabei kommt es unter den Betroffenen bereits beim Gedanken oder Anblick einer Spinne zu panischen Ängsten. Fragt man die Menschen nach den Ursachen ihrer Ängste, so können sie in der Regel keinen wirklichen Grund dafür nennen. Häufig entsteht die Spinnenangst bereits in der frühen Kindheit. In der Hauptsache sind es die Eltern oder Großeltern, die die Kinder mit allerlei Gruselgeschichten über Spinnen verängstigen. Auch ihr ablehnendes Verhalten gegenüber den Tieren trägt dazu bei. Sind die Kinder später erwachsen und haben selbst Kinder, geben sie die Ängste an ihre Kinder weiter.

1

2

3

1–3, S. 61 *Die Familie der Röhrenspinnen graben Erdröhren, die sie mit Seide austapezieren. Dieses Gespinst setzt sich an der Röhrenmündung in einem Baldachin fort, von dessen Rändern Fangfäden ausgehen. Die Weibchen sind schwarz, während die Männchen sehr prächtig gefärbt sind.*

1

2

3

4

Dabei wäre es so leicht, solche Ängste zu überwinden.
Man braucht Spinnen einfach nur einige Zeit beobachten. Man wird schnell merken, dass nichts passiert, ja dass Spinnen sogar höchst interessante Wesen sind.
Und wir sollten die Spinnen nach ihrem Nutzen als Insektenvertilger beurteilen. Man wird einigermaßen überrascht sein: So können sich beispielsweise täglich bis zu 500 Insekten (etwa lästige Stechmücken) im Netz einer Kreuzspinne verfangen. Für Deutschland hat man ausgerechnet, dass die hier lebenden 850 verschiedenen Spinnenarten jährlich eine Insektenmenge vertilgen, die dem Gewicht der gesamten deutschen Bevölkerung entspricht. Das klingt fast unglaublich.
Zum guten Schluss: Trotz ihrer Nützlichkeit muss man Spinnen nicht gerade mögen oder sie gar lieben. Aber fürchten brauchen wir sie nicht. Und sie verdienen es auf keinen Fall totgeschlagen zu werden. Hat sich eine Spinne als ungebetener Gast im Haus oder in der Wohnung einquartiert, können wir sie mit einem Marmeladenglas, einem kleinen Pappkarton oder einem anderen Behältnis, das sich schnell in jedem Haushalt findet, behutsam einfangen und wieder an die frische Luft befördern. Und draußen im Garten oder in der freien Natur sollte ebenfalls gelten: Nicht verfolgen und leben lassen! Dazu gehört auch, dass wir ihre Netze dort nicht mutwillig zerstören. Denn diese sind wichtige Pfeiler einer sehr sinnvollen, biologischen und umweltfreundlichen „Insekten- und Schädlingsbekämpfung".

S. 62 *Herbstspinne im Netz*

1 *Die in wärmeren Ländern und den Tropen lebende Stachelspinne gehört zu den Radnetzspinnen. Wahrscheinlich bieten die Dornen einen gewissen Schutz vor Vögeln.*

2 *Großaugenspinne*

3 *Haubennetzspinne*

4 *Knotige Asselspinne*

(o = oben, u = unten, m = Mitte, l = links, r = rechts)

A. N. T.: S. 5o, 11m, 63o, 63ml; Brockhaus, Volkmar: S. 24u, 26o, 59mr; Brosette: S. 49u; Bühler, Daniel: S. 15, 54ur, 59ml; Cramm, Raimund: S. 4, 5u, 60, 7u, 8/9, 10u, 11o, 11u; Dalton, Stephen: S. 42, 63mr; De Cuveland, Justus: S. 20/21, 24ml, 38o; Deymann: S. 27u; Dr. Sauer, Frieder: S. 22o, 61; Eschment: S. 25o, 45u; FLPA: S. 37, 60m; Griehl, Klaus: S. 48m; Gross, Robert: S. 18m; Gross, Ulrich: S. 33o, 48u; Hagen, Thomas: 44o, 48o; Hecker, Frank: S. 12/13, 14u, 25ul, 29m, 30/31, 32u, 34/35, 49o, 60u, 63u; Heppner, Hans: S. 15o, 17mr, 19o, 19ml, 39o, 45m; Jakobi, Karl Heinz: S. 19mr, 36, 52, 55ml; Kalden: S. 38u; Kehrer, Herbert: S. 54ul, 55mr; Lane, Frank: S. 39u, 60o; Lehmann, Heinz: S. 29o; Martinez: S. 58ur; Mohn, Detlef: S. 10o; NHPA: S. 14o, 27o; Nill, Dietmar: S. 1, 28, 44ur, 45o, 55o; Partsch, Helmut: S. 19u, 25ur; Pelka, Norbert: S. 33u, 38mr, 40/41, 43, 46/47, 59o, 59u; Pelka, Volker: S. 53o Rohdich: S. 32o; Skibbe, Frithjof: S. 50/51; Sprank: S. 58o, 58ul; Stoltefant: S. 16; Struck, Wolfgang: S. 24mr, 39m, 44m, 49m; Sunset, Goetgheluck: S. 7o; Usher: S. 2/3, 56/57; Weinzierl: S. 6u; Wendler, Martin: S. 17o, 17ml, 17u, 18o, 18u, 23, 26u, 29u, 33m, 38ml, 53ur; Willner, Otto: S. 26m; Willner, Wolfgang; S. 24o, 25m, 44ul, 53ul, 54o, 55u, 62.

Lektorat: Sabine Raab
Reproarbeiten: Hetzner-GmbH, Nürnberg
Covergestaltung: Andreas Dorn

1 2 3 4 5 03 02 01 00 99